ハシビロコウのふたば

ようこそ　7年目のふたばと
開園20年目の掛川花鳥園へ

ふたばは掛川花鳥園で暮らすハシビロコウの女の子。2023年、掛川花鳥園開園20周年のアニバーサリーイヤーに、公開7年目を迎え、少し大人の雰囲気になってきました。

ふたばは花咲く楽園で
暮らしています

ユニークで楽しい仲間たちも一緒です

ふたばの
プロフィール

来園	2016年3月15日
出身地	アフリカ・タンザニア
年齢	推定7歳以上
性別	メス
一般公開	2016年7月1日
身長	約1.2メートル
体重	約5キログラム

CONTENTS

2019

来園して7年が経ち
瞳の色とクチバシの色が少し薄く、
ちょっと大人になりました

2023

7年目のふたばです

大人なふたば

PIN NAP

掛川花鳥園で日々を過ごす間にすっかり大人の雰囲気になったふたば。ハシビロコウは成長とともに瞳とクチバシの色が変化しますが、ふたばの瞳はオレンジ色から黄色になり、クチバシも黒い斑点が薄くなってきました。見た目だけではなく、普段の行動もなんだか落ち着いてきています。さらに天井付近を何度も旋回する姿が見られるようになりました。筋力もつき成長を続けているふたばの厳選ショット集。

掛川花鳥園ってこんなところ！

初めて来た～
人気者のハシビロコウのふたばに会える！
あらっ また私の魅力に気づいた人間が来たわね
どこにいるのかな？
ハシビロコウの森
この施設の一番奥ね
外の施設もあるんだ
フフフ ふたばは秘蔵っ子だから
掛川花鳥園の一番奥で大切にされているのよ
ハラリ
上を見て～お花がいっぱい！
綺麗～
こんな景色見たことない
まっ 私の美しさには劣るけど、なかなかのものよね

そして
これが自慢の
大温室
雨が
降っても
平気!
広ーい
明るーい
あれを
見て
首かざり
王冠
ごはんで
モテモテに
なれる
うご
うご
あそこだね
ふたばが
いるところ
やっと
たどり着いた
バードショーが
始まります
是非ご覧ください
見に行く?
うん
行ってきなさい
お楽しみは最後がいいわ
まっ
前座
みたいな
もんね

盛り上がってる〜
バードショー
あんなこともできるんだ
えい！
ぬいぐるみ
賢いー
スタッフと鳥たちの日々の練習のたまものよ
まっお互いの信頼関係がなせる技よね
来てみてわかったけど、
鳥たちってとっても個性的だね
この子大丈夫？
ぐて
これがこの鳥（イワシャコ）の寝姿なんです
鳥たちの習性ってユニークなんですよ
お気軽に聞いてみてくださいね
スタッフ
…

まんまる!
イワシャコ
ラブラブじゃん!
ちゅ
アカガシラエボシドリ
ヤンキーっぽい!
ギニアエボシドリ
この鳥はゴスロリ?
私この子好き!
クロエリセイタカシギ
新たな推しができそう
閉園のお時間です
えーと
あれっ?
何か忘れているよーな?
ブル
ブル
楽しかったね〜
出口
コラ〜〜!!
ふたばのこと忘れてるよ〜!

㊟実際はこれは怒りの表現ではありません

ふたばの華麗なる
マイブーム変遷

若いころは、はしゃいで何度もジャンプするような振る舞いがファンに大人気でした。最近ははしゃぐ機会は減ったとはいえ、年齢的にはまだ若いふたば。7年の間には勢いのままに繰り返す「マイブーム」な行動がいくつもありました。そんな、ふたばらしさ溢れる動きを一部お見せします。

M Y B

藁あそび

藁束にクチバシを突っ込んだり、くわえ上げてはパラパラと落としたり、違う場所へせっせと運んだりとその時々で遊び方も変化します。藁は他の園のハシビロコウにとってもいいおもちゃですが、嵐の後のように散らかしまくるのがふたばです。

丸太乗り（止まり木）

一般的な鳥のように休息するための止まり木は不要と思われていましたが、丸太を置いてみると丸みが足にフィットしたのか？すぐにふたばのお気に入りアイテムに。

ブルブル

羽をブルブルとする動作は普段あまり見ることのできないハシビロコウの動きのひとつですが、小屋の上で過ごす時間が増え、よく観察できるようになりました。〝動かなくてかっこいい鳥〟の、笑いを誘うユニークな動きを生で目撃してください。

羽ブルブルは、全身を覆う大量の羽を整えるためだといわれています。羽が生え替わる換羽期や飛翔後、羽繕い前後は増える傾向にあります。揺らした際に放出される粉綿《ふんめん》羽《う》を避けるように瞬膜や瞼を閉じて目をガード。白目と激しい動きで、いっそうユニークな仕草になります。

お魚を食べた後は、必ずプールでクチバシをゆすいでいました。ふたばが何度も往復しないで済むよう、飼育スタッフが水いっぱいのバケツを用意してくれるようになり、今はバケツの水でうがいをしています。ふたばのきれい好きは今も昔も変わらないようです。

R E

ふたばモデル登場です

フィギュアのようなふたば

FIGU

シュッと立った姿が様になると評判のハシビロコウですが、ふたばお得意の決めポーズは、まるでフィギュア人形のよう。さながらランウェイでポーズを決めるスーパーモデルのようなふたばをご堪能ください。

おまけ

ふたばの
楽しいひととき

ふたばのごはんタイム

FEEDING

ふたばが元気にごはんを食べるシーン。無防備でお茶目な表情がたまりません。

開園前と閉園後がふたばの食事時間。手渡ししてあげる魚をすんなり食べないのが、ふたば流です。

ふたばと鳥たちの

相関図

DIAGRAM

同郷　同じアフリカに分布

**アフリカ
オオコノハズク**

アフリカのサハラ砂漠以南に広く分布。

ヘビクイワシ

アフリカ中部以南のサバンナに生息。華麗さでマニアックな人気がある。

ケープペンギン

アフリカ大陸に生息する唯一のペンギン。ショーやイベントで大活躍。

ヨウム

アフリカ西海岸に分布の大型インコ。知能が高くおしゃべり上手。

嘴《クチバシ》

オニオオハシ

南アメリカのブラジルに分布。オオハシの中でも最大の大きさ。大きなクチバシは、求愛のディスプレイなどにも使う。中は空洞になっているため見た目よりも軽い。人気者ぶりではふたばのライバルともくされる。

近縁種　同じペリカン目

ヒロハシサギ※

メキシコ、中央アメリカから、アルゼンチン北部に分布。ハシビロコウとは生息地は異なるが、顔、特にクチバシや全体的に似ていると評判。水辺に暮らし魚類を補食するところなど共通点も多い。

クロツラヘラサギ

ヘラサギも属するサギ科の鳥は、再編によりハシビロコウとともにコウノトリ目からペリカン目に分類された。

モモイロペリカン

ハシビロコウとの共通点は大きなクチバシ、違いは水かきがあるところ。

※ヒロハシサギは2023年4月現在、展示エリアではご覧いただけません。

類似点　見た目が似ている

掛川花鳥園の人気者

ふたば

ペリカン目ハシビロコウ科の大型鳥類。アフリカ大陸東部から中部にかけて生息する固有種。湿地帯の中で大きなクチバシを使って待ち伏せ型の狩りをする。主な獲物はハイギョなど。大きさは110cm～140cm。ふたばは国内のハシビロコウの中でも抜群の知名度をもつ。

エミュー

ダチョウに次いで世界で2番目に背の高い鳥類で、園でも一番大きな鳥。存在感はハシビロコウに引けをとらない。

オオフラミンゴ

大きさは120～150cmでハシビロコウとほぼ同じ。アフリカや中東アジアなどに生息。

大きさ

クラハシコウ

ハシビロコウの知名度が上がる前はよく間違えられたが、ふたばよりも古参の先輩である。体の大きさや食性などハシビロコウと共通点も多い。

色

オウギバト

ハトの仲間では世界最大の大きさであり、華麗な冠羽から名づけられた。ハシビロコウと同じブルーグレイの美しい羽色に、瞳と胸元の赤がアクセントとなっている。

冠羽

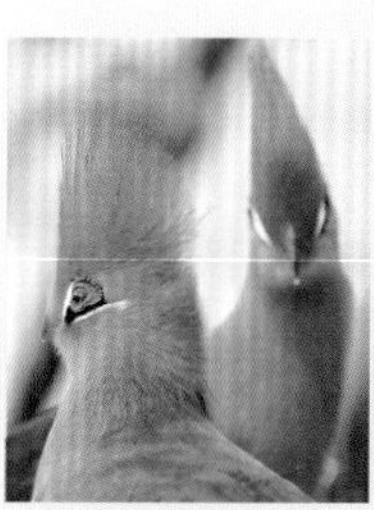

ギニアエボシドリ

ギニアエボシドリはアフリカに分布するカッコウ目の鳥。名前の由来の烏帽子（えぼし）のような飾り羽根が綺麗に整っている。

ふたばと愉快な仲間たち

FRIENDS

「鳥を乗せてほっこりがオススメ」

間近で眺めたり腕に乗せることができるフクロウや、バードショーで自慢の飛行能力を見せるタカ、放し飼いの鳥たちにごはんをあげたり……個性豊かな鳥たちとの触れあいで時間が経つのも忘れそう。

「ルックス自慢の鳥たち」

オニオオハシ

南アメリカの熱帯雨林に生息する。8種いると言われているオオハシの仲間で一番大きい種で目を引くカラーリングが特徴。クチバシが大きく体の30-50%を占めますが、中身はほぼ空洞。その大きなクチバシで器用にごはんをたべる姿や、おねだり上手で園の人気者です。

クロツラヘラサギ

くちばしがヘラのような形をしたトキの仲間。世界でも生息数が少なく貴重な鳥です。掛川花鳥園のヘラサギたちは温室内を自由に歩き回っていて気がつくと数羽に囲まれていることも。

「圧巻の鳥たち」

コガネメキシコインコ

穀類、種子、果物を主食とする全長約30cmの中型インコ。温室内ではいくつかの群れがあり、大きな鳴き声とともに一斉に飛び回る姿は圧巻です。70羽近いインコたちの中には、ごはんをカップごと持って行ってしまうイタズラ好きもいるので、インコの動きに注意。上手に誘導して身体に乗せる楽しみも。

Bird

「アートな鳥たち」

オーストラリアガマグチヨタカ

フクロウやミミズクたちが並ぶ一角に新たに現れた話題の鳥。姿が見えないと思った時は木の枝をよく見てください。直立不動で木になりきっています。名前にあるようにがまぐちに似た大きな口とつぶらな瞳が特徴です。

ヘビクイワシ

蛇に見立てたゴムのおもちゃに何度もキックをくりだす。こうしたヘビクイワシのショーが披露されたのは掛川花鳥園がおそらく国内で初。獲物の仕留め方もさることながら、羽ペンをさしているような後頭部や長いマツゲ、色鮮やかな顔の色も魅力の見目麗しい鳥です。

クロエリセイタカシギ

水辺のある温室で暮らす、50羽あまりのシギたちの集団の動きは、まるでマスゲーム。水面に反射する姿も美しい。小さな身体に針のような細長いクチバシと足が特徴です。

「芸達者な鳥たち」

ケープペンギン

ペンギンといえばよちよち歩きがかわいい印象ですが、バードショーではそんなイメージをくつがえす機敏な動きを見せています。スタッフを見分けてよくなつくペンギンは、スタッフとの人馬一体ならぬ人鳥一体の芸で楽しませてくれます。

クラハシコウ

水辺のある温室の中で過ごすコウノトリの仲間。体長は約140㎝、コウノトリ科の中でも大きく、温室の主のようです。周りを多くの鳥たちが動き回る中、じっと耐えるように佇む姿はストイックな職人のよう。

冠羽コレクション

COLLECTION

アホ毛じゃないの 冠です

冠羽（かんう）は頭頂部にある長めの羽。人の寝グセやアホ毛のようでかわいいと、マニアの間では人気のパーツです。実はハシビロコウの冠羽はオシャレな人のヘアスタイルのように、何度も変化します。同じふたばと思えない程のバラエティーに富んだ冠羽コレクションをご覧あれ。

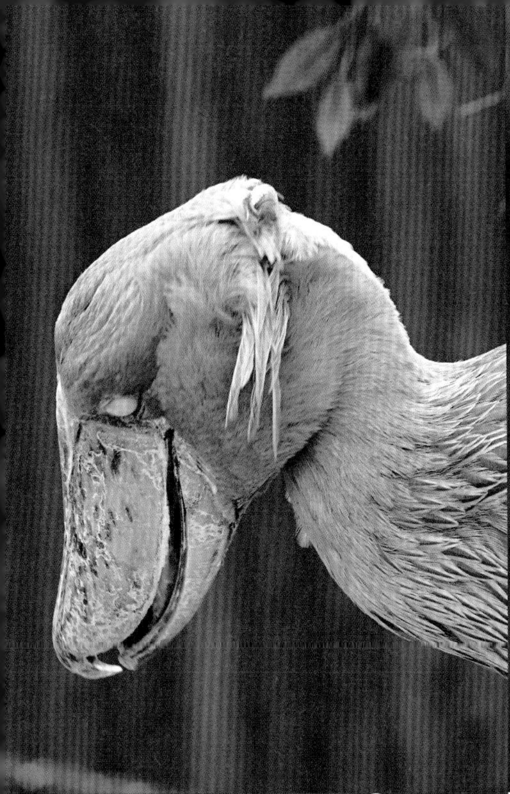
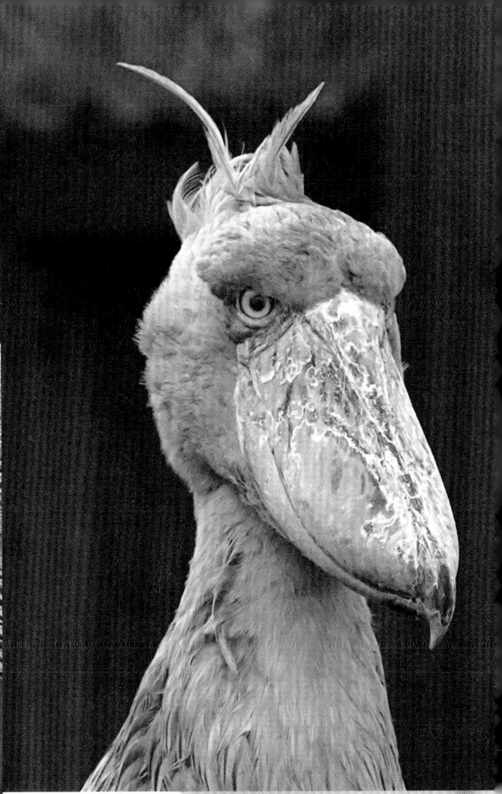
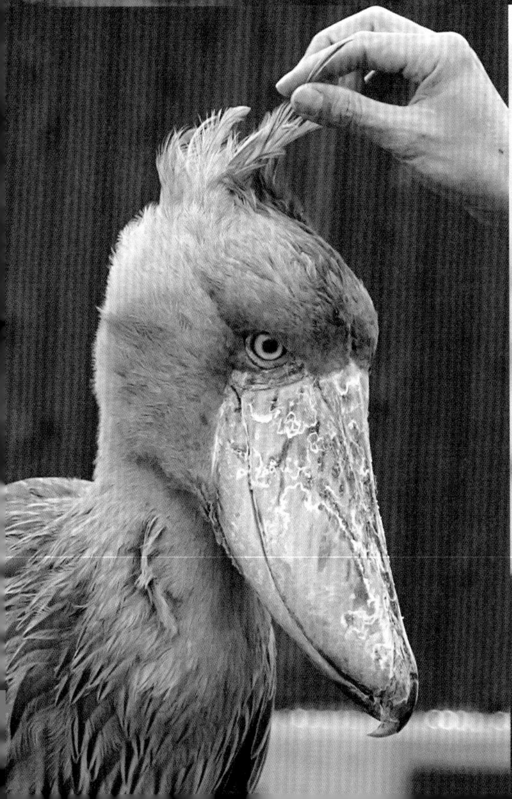
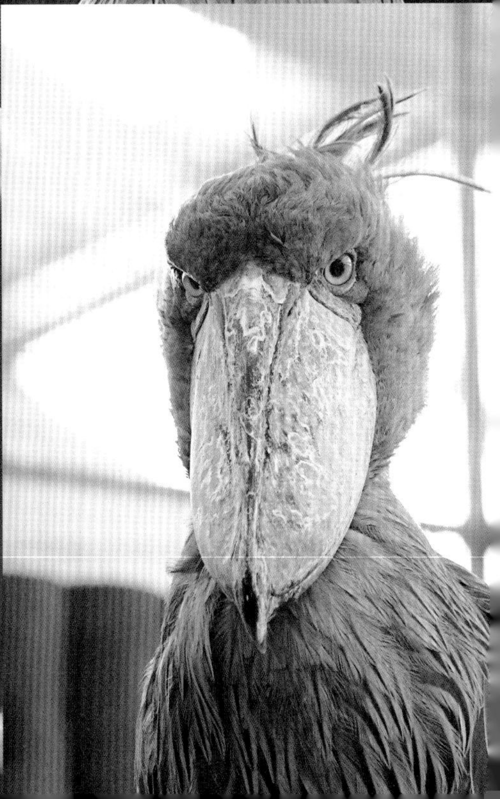

こんなふたばは
見たことない

秘密のスタッフ写真

RARE SHOT

大好きなふたばのベストショットを撮りたい。そんな思いを込めて工夫と苦労をして狙っても、日々身近にいる飼育スタッフさんにはかないません。至近距離からのショットや臨場感たっぷりのシーン、信頼を寄せる表情のふたばなど、飼育スタッフだからこそ撮ることができた貴重なショットを皆さまにおすそ分け。その時のシチュエーションや感想コメントもいただきました。

写真提供：バードスタッフのみなさん

目の色
だいぶ
変わったなぁ

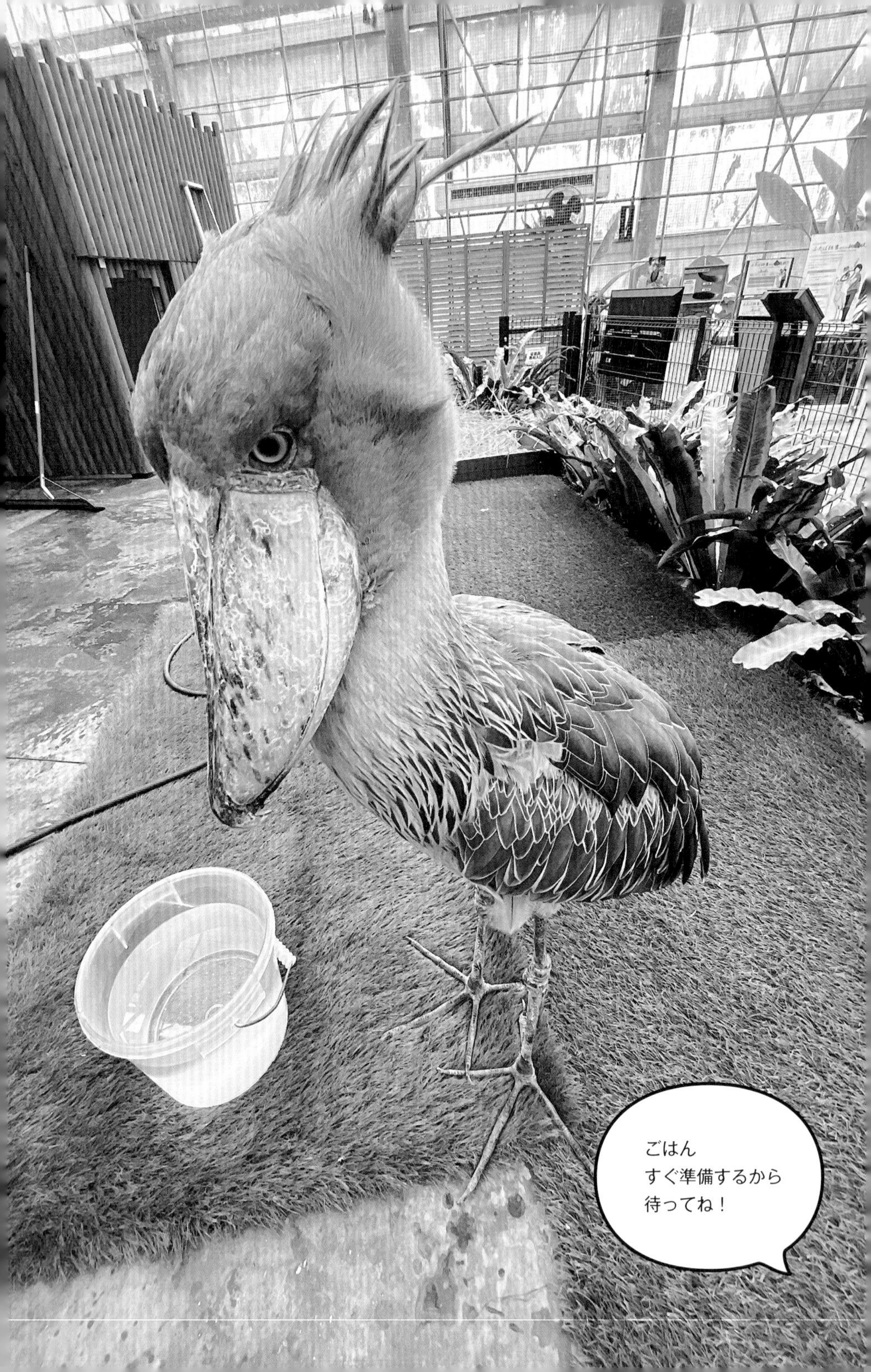
ごはん
すぐ準備するから
待ってね！

ごちそうさまでした♪

からの、
おじぎ～

日課の
ヘアースタイル
チェック

お立ち台で
ハイポーズ！

初めての
自撮りに
興味津々！

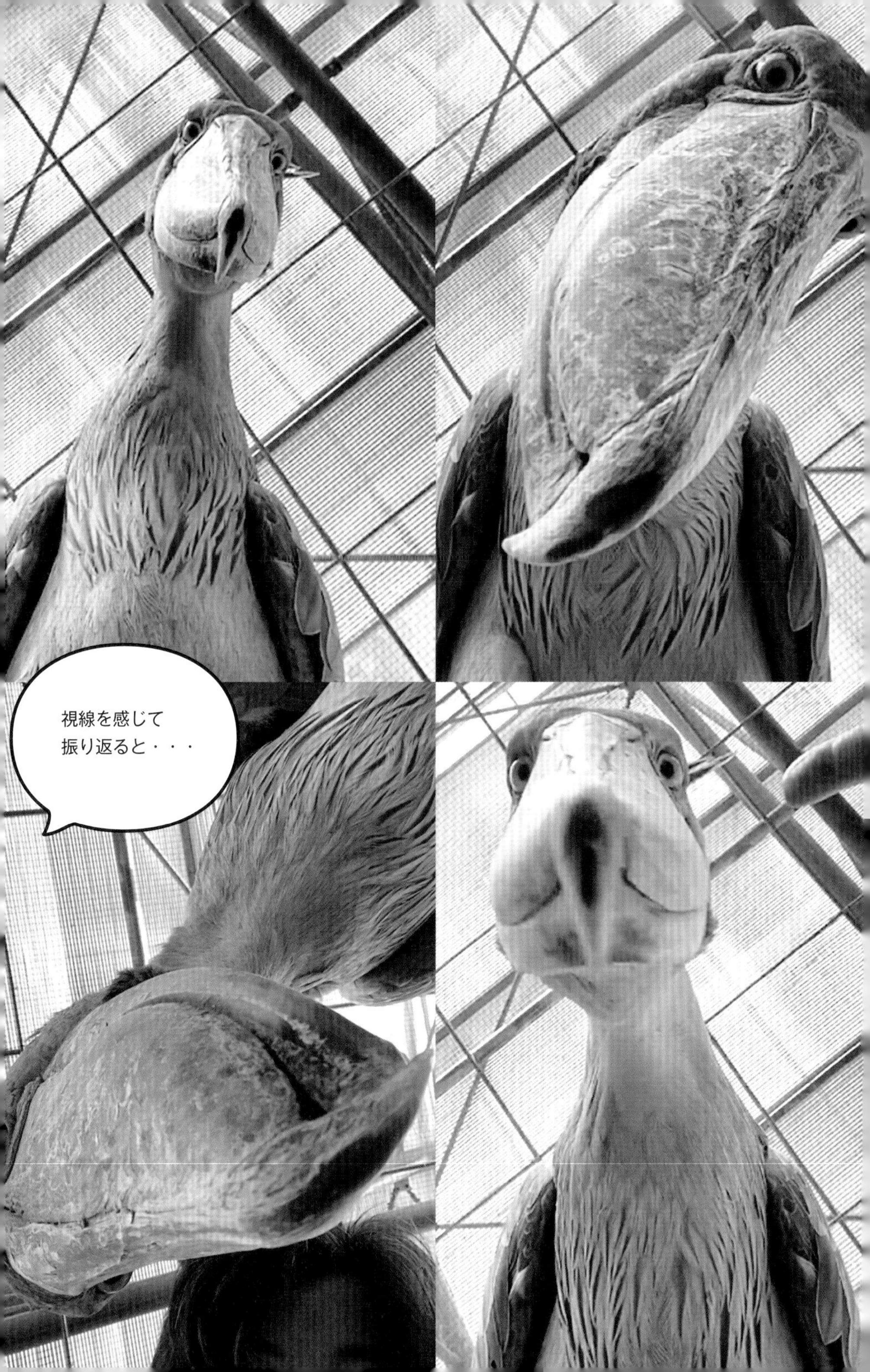
視線を感じて
振り返ると・・・

お気に入りの
藁の上で
アヒル寝ふたば！

お部屋でまったり。
足の形が最高です

DICTIONARY
ふたばと掛川花鳥園のミニ辞典

【あ】

●趾（あしゆび）
鳥の足先の指の部分のこと。４本ある趾のうち、１本のみが後方にある状態が基本形。ハシビロコウもこのタイプだが長い趾がきれいに四方向に伸びている。その長さのあまり片方の趾を自分で踏んでいることも。

●インパチェンス
大温室で咲き誇る頭上の花々は主にインパチェンスという熱帯アフリカ原産の植物。釣り下げられた鉢からしだれる花と葉の塊は直径１ｍを越すものもあり、一つの株に数え切れないほどの花が咲く。花の色は単色の赤、白、ピンクやバイカラーなど。実はホームセンターでもよく売られている花。掛川花鳥園では非日常的な景観を作り上げている。

●オオオニバス
南米アマゾンに自生し、直径２ｍに達する巨大な浮水葉を水面に浮かべる水生植物。掛川花鳥園ではスイレンプールで栽培されている。人が乗っても沈まない浮力をもつため、夏季限定のイベント「オオオニバスにのってみよう」が開催される（体重、年齢制限あり）。ありえない写真が撮れると話題に。

●オオタニワタリ
野生では日本南部から台湾の森林内の樹木や岩などに着生するシダ植物。観葉植物として人気。掛川花鳥園では南国の森の演出と大柄の葉が目隠しになることからふたばと入園者を分けるフェンス際に植えられている。

●推《お》しどり
積極的に応援するイチオシの鳥のこと。近しい人に見せるだけでなく撮った写真をＳＮＳに上げるなど、広く推しの魅力を伝え、身の回りを関連グッズで固め一体感を得る。人気者のふたばは当然のことながら、ヘビクイワシなどマニアックなほど推し活をする傾向がある。掛川花鳥園では本来の鳥類オシドリも健在。

【か】

●掛川駅
東海道本線の駅で東海道新幹線のこだま（各駅停車）のみ停車。元々掛川は東海道の宿場町。北口には掛川城もあり、歴史のある町に相応しい木造駅舎は１９４０年時の外観を復元したもの。掛川花鳥園までは新幹線側にある南口から徒歩８００ｍ。

●冠羽（かんう）
一部の鳥や恐竜種の頭部、頸部などに見られる長く伸びた羽を総じて冠羽と呼ぶ。鳥それぞれに色、形状が異なり、オウムのように大きく動かし威嚇やコミュニケーションをとる鳥もいる。ハシビロコウにある寝癖のような形状の冠羽は少ない。

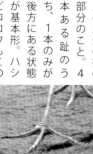

●換羽期

羽毛が生え変わる時期のこと。成鳥は年1～2回生え変わるものが多い。体色や模様が大きく変わるものについては、夏羽（なつばね）、冬羽（ふゆばね）と呼ぶ。ハシビロコウは換羽前後の羽の違いはほとんどない。

●恐竜

鳥類は恐竜の子孫であることが近年の化石の研究で明らかになっている。羽毛の生えた獣脚類（羽毛恐竜）の仲間から進化した。身近な小鳥と恐竜では遠い存在に思えるがハシビロコウと絶滅した翼竜プテラノドンを比べると納得がいく。

●クラッタリング

主に求愛や威嚇のために行われるディスプレイ行動のひとつ。クチバシを激しく開閉して叩き合わせて音を出す。コウノトリなども同様に音を出すが、ハシビロコウの大きなクチバシから出る音は独特の重低音。音が反響する環境では機関銃のよう。

●首振りお辞儀

お辞儀はクラッタリングと同じくディスプレイ行動のひとつ。ふたばの場合はクラッタリングよりもお辞儀が多い。頭を下げる際に、首も左右に振っている。スタッフと交互にお辞儀している様子は微笑ましい。

【さ】

●スイレンプール

さまざまな種類のスイレンが花咲くスイレンプールはお魚天国。スイレンの下を泳ぐグッピーなどの小型魚や、生きた化石と言われる巨大魚ピラルクを見ることができる。別のプールではふれあいフィッシュ体験も。

●瞬膜

瞬膜はまぶたとは別に眼球を保護する透明または半透明の膜。鳥類や爬虫類によくみられる。

ハシビロコウの瞬膜は白色に近く、開閉もゆっくり。頻繁に瞬膜をまばたきのように閉じるためマンガ表現の白目をむいているように見え、ハシビロコウのキャラ度を上げる要因に。

【た】

●鳥のごはん

鳥たちとのふれあいをより楽しむには鳥のごはんが欠かせない。園内各所に設置されている「とりのごはんやさん」でごはんをゲット。たちまち鳥たちにモテモテ体験が楽しめる。ごはんの種類が鳥によって異なるので掲示を確認のうえふれあいを。鳥たちの健康管理のため、持込みのごはんはあげられない。

●大温室

屋内エリアのガラスハウスは冷暖房完備、夏は涼しく冬は暖か、一年中快適な空間。一年中どの季

節に訪れてもたくさんの花を楽しめる。

●タンザニア

ふたばの出身国。タンザニア連合共和国、通称タンザニアは、東アフリカにある共和制国家で、日本国内の多くのハシビロコウがタンザニア出身。ハシビロコウの生息地とされるケニア、ウガンダ、ルワンダ、ブルンジ、ザンビアと国境を接している。

●DNA鑑定

クジャクのようにオスメスで明確な違いがある鳥もいるが、ハシビロコウのように見た目の性差がほぼない種もある。ふたばは平均（国内）より身体が小さい、男性スタッフへの態度からメスでは？　と思われていたが、5年前に行われたDNA鑑定で正真正銘のメスと確定。

【な】

●長屋門（ながやもん）

長屋門は江戸時代、城下町の武家屋敷の門として始まった扉の両側に部屋が連なる形式の門。掛川花鳥園の独特な雰囲気を演出する入口となっている。内部にあるフクロウの展示室や、トイレも和風に統一されている。

【は】

●ハイギョ

生きた化石と呼ばれる古代魚の一種で肺や内鼻孔などの両生類的な特徴を持つ魚。数時間ごとに息継ぎで水面に上がる必要があり、野生のハシビロコウは陸上でその際を狙ってじっと動かず待ち構えている。

●バードスタッフ

バードスタッフは鳥たちの体調管理、給餌や掃除などのお世話が基本的な仕事。それ以外にも鳥たちの解説やおもてなしをする接客業、ショーの司会や進行をするエンタメ業、ブログの執筆やイベント企画をしたり、多岐に渡る仕事を兼任。

●ビル

2020年に推定年齢50才以上で亡くなった世界最高齢ハシビロコウの名前。1971年に来日、81年からは伊豆シャボテン動物公園で飼育されていた。ハシビロコウの存在を日本に知らしめたパイオニア。性別はオスと公表されていたが、死亡後の解剖結果でメスと判明。亡くなった後も話題をふりまいた。

●ひょー

クラッタリング前に漏れるふたばの吐息（?）。クラッタリングのけたたましい音にくらべ、弱々しい「ひょー」という声は、ふたばに近寄れるスタッフのみ聞きとることができる。公式サイトでもその模様を公開しているので、ボリューム大で聞いてみては。

●斑（ふ）

ハシビロコウのクチバシに現れる黒い斑点。子どもの頃は黒い斑点だらけだが大人になるにつ

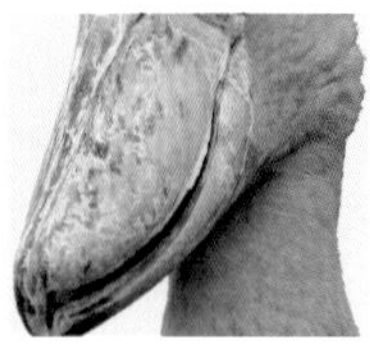

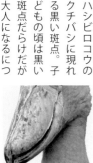

れ薄くなり消え、つるんとした黄色のクチバシとなる。斑の模様は個体ごとに違い、識別できる指紋のようなもの。ふたばもこの5年で斑が減ってきた。

●ふたば班

ふたばの飼育担当スタッフは複数名いる（2023年3月現在5名）。専任の者が世話ができない場合に備えるのと、ふたばがスタッフに慣れるまでに時間がかかるため。好き嫌いが激しいふたばとは、時間をかけても馴染まないスタッフもいる。

●粉綿羽（ふんめんう）

サギやハト、フクロウなどにある羽の一種。羽先が崩れて粉状になり、羽繕いの際の水や汚れをはじく。主に胸元や脇など大きな羽の内側にある。水浴び時にはハシビロコウの周りの水が一面真っ白になるほど大量の粉が放出されている。

●ペアリング

繁殖時期にあわせ同居させる、動物同士のお見合い。普段から単独生活をしている動物達を繁殖の時期にあわせ、お互いの相性を確認する。同じ施設内で相性が悪ければ、施設の壁を越えてのお見合いとなる。ハシビロコウはペアリングの最も難しい動物で、現在までも飼育下の成功例は公式では世界で2例のみ。

●ペリカン目

長らくコウノトリの仲間とされていたハシビロコウは近年ペリカンの仲間になった。見た目ではペリカンというよりコウノトリが近いとの説もあったが、DNAの解析の結果、現在の分類へ。謎の多い鳥は今後の分析結果で新たな面が表れるかもしれない。

●ポポちゃん

掛川花鳥園の功労者アフリカオオコノハズクの「ポポ」が2021年4月に引退。開園の翌年に来園してから17年間、園の人気者として活躍した。警戒で身体を極限まで細めたり、威嚇で羽を大きく広げる姿がまるで別人（別鳥）と話題になり2005年に全国ネットのテレビ番組に出演。人間に換算すると70歳。現在はバックヤードでゆったり余生を過ごしている。

【ま】

●水浴び

水浴びは日本国内で飼育されているハシビロコウでしばしば見られる習慣。ふたばの水浴びが目撃されるのは年に10回程度と少ない。

【わ】

●和名

動物の名は学名と言語ごとの名称がある。和名は色・模様・形・行動・種類などに由来するものが多い。「ハシビロコウ」は「クチバシが幅広いコウノトリ」の意味。要は見たまま。英名は「Shoebill」。Shoe の靴と bill のクチバシの意味で、こちらも見たまま。学名は「Balaeniceps rex」ラテン語で「クジラ頭の王様」。

掛川花鳥園にいらっしゃい

ふたばと園の仲間たちに会いたくなったらぜひ訪ねてみてください。
たくさんの鳥たちがみなさんをお待ちしています。

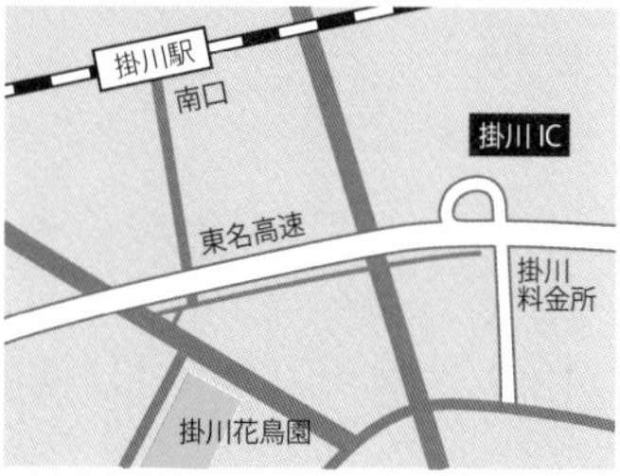

広大な敷地の中で、花と鳥たちの美しさに心奪われるテーマパーク。冷暖房完備の大温室（ガラスハウス）で、暑い日も寒い日も、雨の日でも、一年中快適に安心して楽しめます。放し飼いにされている鳥たちとふれあうだけでなく。毎日開催のバードショー（観覧無料）や様々なイベント体験（有料あり）も楽しめます。

園内マップ

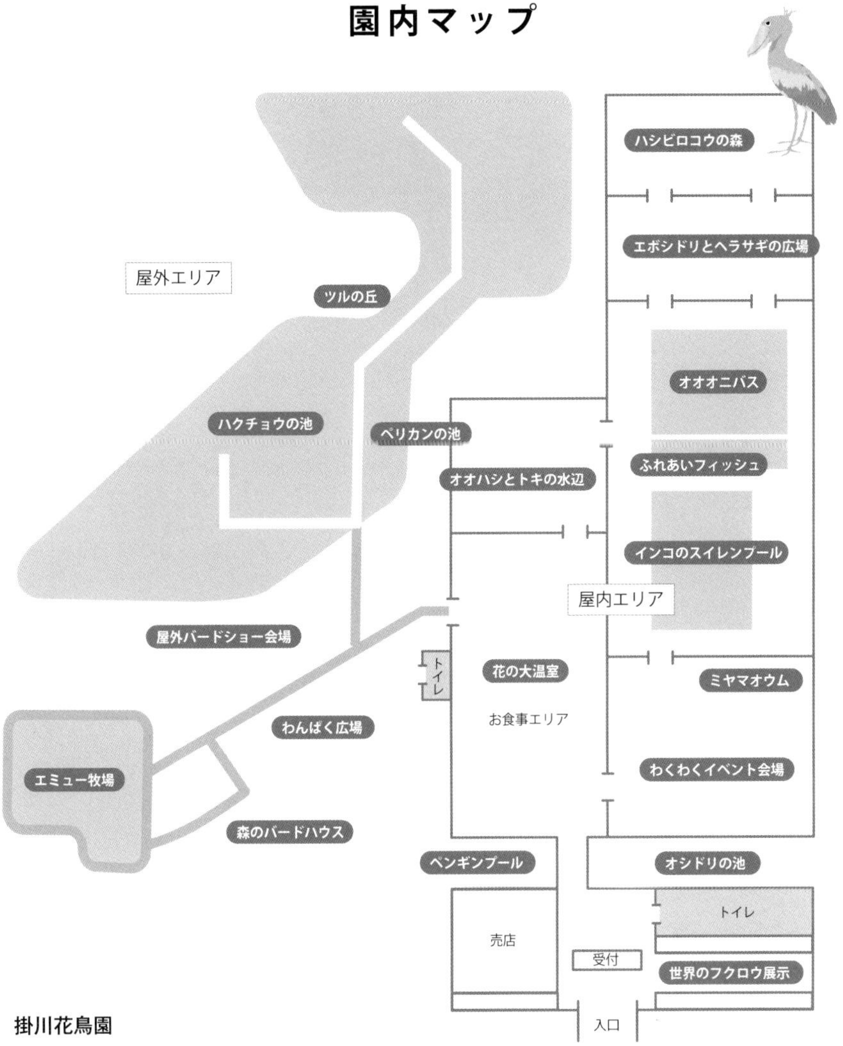

掛川花鳥園

静岡県掛川市南西郷1517
TEL.0537-62-6363
開園時間：9：00～16：30（最終入場30分前）
ＧＷ、お盆期間、年末年始は変則的
休園日：第2・第4木曜日（祝日、繁忙期を除く）
入園料：大人（中学生以上）1,500円、小学生700円
シニア（65歳以上）1,100円　幼児無料
団体割引、各種割引、年間パスポートあり
※開園時間など変更になる場合もありますので、
事前にオフィシャルサイトでご確認ください。

https://k-hana-tori.com/

HISTORY

掛川花鳥園 20 年のあゆみ

「花と鳥とのふれあい」ができるテーマパークとして2003年に開園した掛川花鳥園。2023年に20周年を迎えるその歩みをたどります。

開園

13　12　11　10　09　08　07　06　05　04　03

2009年

ヘビクイワシ「キック」のショーを公開。今ではショーの看板ともいえるヘビクイワシがこの年、初来園しました。

2004年

アフリカオオコノハズク「ポポ」が初代「掛川花鳥園の顔」に。変身するフクロウとして一躍大人気になりました。

2003年

2003年9月20日、掛川市にオープン。

…

2013年

屋外エリアが舗装（バリアフリー化）で車いすやベビーカーでも通行しやすくなりました。

2021年

新ショー「KKE競技大会」公開。世界的なスポーツの祭典に合わせバードショーをリニューアルしました。

2017年

老朽化により2つのスイレンプールをリニューアルしました。

2014年

森のバードハウス完成&公開。屋外バードショーの主役たちにショー以外の時間も会えるようになりました。

開園20周年！

23　22　21　20　19　18　17　16　15　14

2020年

トリップアドバイザーの口コミ評価でランキング国内2位の高評価に輝きました。

2018年

ミヤマオウム公開&ショーデビュー。世界一賢い鳥の来園。バードショーでもスタッフはよく振り回されています。

2015年

エミュー牧場周り遊歩道完成。エミュー牧場をぐるっと一周できるようになり、桜の植栽により、春には満開の桜も。

2022年

世界一臭い花と呼ばれるゾウコンニャクが開花し、その姿を一般公開しました。

2019年

新厨房棟、屋外トイレ完成。要望の多かった屋外エリアのトイレが設置されました。

2016年

ハシビロコウ「ふたば」来園&公開。今や大人気のふたばのデビューです。

ブックデザイン・撮影／南幅俊輔
企画・編集・本文デザイン／有限会社コイル
ハセガワチエコ・アサクラカヨコ
漫画＆イラスト／イソベサキ
撮影協力／掛川花鳥園
進行／小林裕子

南幅俊輔

（みなみはば　しゅんすけ）

盛岡市生まれ。グラフィックデザイナー＆写真家。2009年より外で暮らす猫「ソトネコ」をテーマに本格的に撮影活動を開始。日本のソトネコや看板猫のほか、海外の猫の取材も行っている。著書に『踊るハシビロコウ』（ライブ・パブリッシング）、『ソトネコＪＡＰＡＮ』（洋泉社）、『ワル猫カレンダー』『ワル猫だもの』（マガジン・マガジン）、『ハシビロコウカレンダー』（辰巳出版）など。企画・デザインでは、『ハシビロコウのすべて』『ゴリラのすべて』（廣済堂出版）、『美しすぎるネコ科図鑑』（小学館）、『ねこ検定』（ライブ・パブリッシング）など。
インスタグラムで撮り下ろしハシビロコウ画像公開中！　Instagram→ Shoebill_mania

ハシビロコウのふたば
掛川花鳥園の仲間たちといっしょ

2023年4月25日　初版第1刷発行

著者　南幅俊輔
編者　掛川花鳥園
発行人　廣瀬和二
発行所　辰巳出版株式会社
〒113-0033
東京都 文京区本郷1-33-13
春日町ビル５F
TEL 03-5931-5920（代表）
TEL 03-5931-5923（編集）
FAX 03-6386-3087（販売部）
印刷・製本　図書印刷株式会社

https://TG-NET.co.jp/

※本書の内容に関するお問合わせはメール（info@TG-NET.co.jp）にて承ります。お電話でのお問合せはご遠慮ください。

ISBN978-4-7778-2988-0